太湖生态岛历史文化丛书

西山古堂门楼掠影

苏州市吴中区金庭镇历史文化研究会　编著

苏州大学出版社

图书在版编目（CIP）数据

西山古堂门楼掠影 / 苏州市吴中区金庭镇历史文化
研究会编著 . — 苏州：苏州大学出版社，2023.10
（太湖生态岛历史文化丛书）
ISBN 978-7-5672-4554-9

Ⅰ．①西… Ⅱ．①苏… Ⅲ．①古建筑－门－建筑艺术
－苏州－图集 Ⅳ．① TU-883

中国国家版本馆 CIP 数据核字 (2023) 第 177494 号

XISHAN GUTANG MENLOU LÜEYING

西 山 古 堂 门 楼 掠 影

编　　著：苏州市吴中区金庭镇历史文化研究会
责任编辑：倪浩文
出版发行：苏州大学出版社
社　　址：苏州市十梓街 1 号
邮　　编：215006
网　　址：http://www.sudapress.com
邮　　箱：sdcbs@suda.edu.cn
印　　刷：苏州工业园区美柯乐制版印务有限责任公司
开　　本：890 mm × 1 240 mm　1/32
印　　张：5.5
字　　数：119 千
版　　次：2023 年 10 月第 1 版
印　　次：2023 年 10 月第 1 次印刷
书　　号：ISBN 978-7-5672-4554-9
定　　价：50.00 元
若有印装错误，本社负责调换
苏州大学出版社营销部　电话：0512-67481020

◎ 编 委 会

◎ 西山古堂门楼　尽显时代风流

　　古堂门楼，是江南的一种文化标志。按其作用一般分为民宅门楼、祠堂门楼、会馆门楼、商号门楼等；按其形制则分砖雕门楼、混水门楼等。西山现存的主要为民宅、祠堂门楼，清代以砖雕为主，民国则以混水为主。砖雕门楼一般由上枋、下枋、字牌、兜肚、垂柱、牌科等组成。混水门楼则相对简单，但在砖雕以外还使用了灰塑工艺。这些古堂门楼呈现于人们眼前，或浑朴厚重，或华丽美观。一座座门楼尽显出时代的风流，令人穿越时空，仿佛可以与古人交谈。

　　走进家乡的古堂，总喜欢站立于门楼前，驻足凝望，去品读一下门楼上的字牌，欣赏那些精美的雕刻。从门楼上的字牌，有的还可以读出古堂的建造时间、宅主的身份地位。如堂里心远堂照墙上"涵光挹翠"的字牌，作者于敏中（1714—1780），字叔子，号耐圃，金坛（今属常州）人，清代重臣，官至文华殿大学士兼领班军机大臣，在乾隆朝为汉臣首揆执政最久者。我们再来读读圻村东阳汇头三畏堂砖雕门楼上的"崇俭良图"，落款为潘世恩（1770—1854），字槐堂，号芝轩，吴县（今苏州）人。清朝重臣，官至武英殿大学士等职，被道光皇帝赐穿黄马褂。而能约请这样的人物题写字牌，可见造堂者人脉之宽广、地位之尊贵，绝非普通人可比。有些门楼字牌，字体浑厚刚健，但查不出书者之来历，想必也是当时地方上有名望有地位的人物。

读古堂门楼，可以读出中国的传统文化。门楼上的图案内容，有雕刻《三国演义》的故事，有雕刻《西厢记》的故事，有刻翠竹、松鹤、蟠桃、蝙蝠、石榴、兰花、渔船、耕牛等。明月湾薛家厅的兜肚，则雕刻着其先祖薛家将东征西讨的故事。

读古堂门楼，可以欣赏江南雕刻的艺术。西山的砖雕门楼，大都是香山帮匠人的杰作。其雕刻之细腻、精美、灵秀、浑朴，充分体现了江南人民的心灵手巧。读这样的门楼，就像读带有江南文化的优美图画，仿佛走进了一座艺术殿堂。

读古堂门楼，有时还可以读出西山先祖行善积德的义举、淳朴厚道的品质。有这样一则故事，说堂里有户人家在造一个砖雕门楼。房东请了当地工匠，并指定了一位工头（负责人）。那位工头十分老实，他总想着如何帮房东赶工时，节省成本。门楼造了一个月时，工头向东家汇报，说他们会起早贪黑，抓紧时间完工的，并提到了某人上午出工，下午休息；某人家中有事，请了三天假，一共扣除了多少工钱的事。东家听了，笑着说："你这样不行啊。每个人、每户人家总会有这样那样的事情发生，不能扣人家的工钱，活儿慢慢做，不着急。俗话说，慢工出细活。你能把一年做成的事用三年做成，你就做到家了。"工头心想，这房东是不是傻子啊，明明一年可以完工的，却要我们三年完成。其实，房东并不傻。那年，西山受灾，村里人日子难过，有的甚至没有饭吃。房东是用以工代赈的形式救济乡人啊。

西山古堂门楼，展现了大族风骨，流传着人文故事，尽显了时代风流，亦见证了西山深厚的历史积淀。

本书辑录的古堂门楼主要有两种。一为至今留存的住宅门楼，二为修缮过的祠堂门楼。苏州市吴中区金庭镇历史文化研究会将这些古堂门楼字牌收集整理出来，无论从人文的角度，还是从艺术的层面，都在延续着西山文化的一些根脉，是一件非常有意义的事。

是为序。

金培德

2023 年 8 月

◎ 目 录

东蔡

镇夏

中腰里

峻上

东阳汇头

明月湾

　　明月湾位于金庭镇的东南部，为中国传统村落、中国历史文化名村——金庭镇著名的古村落旅游地之一。村落依山傍水，湖堤环抱，因状如新月而得名。村落内有"六古"、四大姓氏。"六古"分别为古樟、古浜、古道、古宅、古寺、古碑；四大姓氏分别为吴、黄、秦、邓。明月湾保存较为完整的古宅有九幢，分别为瞻瑞堂、裕耕堂、凝德堂、礼耕堂、礼和堂、仁德堂、瞻乐堂、敦伦堂和薛家厅。对外开放的古宅为瞻瑞堂、礼和堂、敦伦堂。其中瞻瑞堂、礼和堂、凝德堂、礼耕堂、薛家厅等有着精美的砖雕门楼，显示出明月湾望族昔年富足的生活以及淳朴的为人之道。明月湾吴、黄、秦、邓四大姓氏均有祠堂。目前，黄、秦、邓三家祠堂均已得到修缮，并对外开放。其中黄氏宗祠被辟为村史展馆，秦氏宗祠被辟为范蠡文化苑，邓氏宗祠被辟为廉吏暴式昭纪念馆。

瞻瑞堂

【地址】
明湾大明湾 14 号

春陵芳范

【年款】
雍正岁次乙巳（1725）仲夏之吉

【落款】
太史氏海上蔡嵩

【大意】
春申君、信陵君是世人的榜样，永远流芳。

春陵芳范

蔡嵩，清康雍时期上海人，进士，官宗人府丞。

兰蕙流芳

【年款】

乾隆岁次丁卯（1747）谷旦

【落款】

虞山蒋溥

【大意】

香草流动着芳香，比喻气质高雅的贤者声名一直流传着。

【人物简介】

蒋溥（1708—1761），字质甫，号恒轩，江苏常熟人，雍正八年（1730）二甲第一名进士，官至东阁大学士兼户部尚书。

兰蕙流芳

裕耕堂

【地址】

明湾大明湾 27 号

锡兹祉福

【年款】

嘉庆岁次己未（1799）

【落款】

蔡之定

【大意】

赐予吉祥幸福。

【人物简介】

蔡之定（1746—1830），浙江德清人，乾隆五十八年（1793）进士，官侍讲学士。

锡兹祉福

▌礼和堂

【地址】

明湾大明湾 84 号

粹和毓德

【年款】

乾隆癸卯（1783）

【大意】

以纯和之气修养德性。

粹和毓德

玉润　明珠

【大意】

像美玉一样光润，像珍珠一样明亮。

清芬蔼若

【大意】

清香、温和。比喻道德高尚，为人磊落。

玉润　明珠

清芬蔼若

芝兰挺秀

【大意】

香草秀丽挺拔。比喻环境优美无比，也暗指主人出类拔萃。

【人物简介】

邓若木，清明月湾人。嘉庆五年（1800）曾主持编修《洞庭明月湾邓氏续辑宗谱》。

芝兰挺秀

礼耕堂

【地址】

明湾大明湾 107 号

垂裕后昆

【年款】

乾隆己丑（1769）孟春

【落款】

邓文木书

【大意】

为子孙后代留下宝贵财产。

垂裕后昆

芳馀九畹

【年款】

乾隆己丑（1769）春孟

【落款】

秦大成

【大意】

芳香流传很广。

【人物简介】

秦大成（1720—1779），嘉定（今属上海）人，清乾隆二十八年（1763）考中状元，授职翰林院编修，掌修国史。

芳馀九畹

仁德堂

【地址】

明湾大明湾 75−1 号

聿修厥德

【年款】

癸丑（1793）清和月

【落款】

蒋南金

【大意】

修好个人的品德。

聿修厥德

薛家厅

【地址】

明湾大明湾 37 号

肇基伟业

【年款】

丁丑（1757）冬日

【落款】

逸斋秦光彝

【大意】

伟大的事业需要奠定坚实的基础。

肇基伟业

凝德堂

【地址】

明湾大明湾 59 号

鸿基惟永

【年款】

乾隆癸酉（1753）

【大意】

伟大的基业永传。

鸿基惟永

黄氏宗祠

【地址】

明月湾村口 10 余米处

奉先思孝

【大意】

孝敬祖辈。

奉先思孝

敬宗睦族

【大意】

尊敬祖先，和睦亲族。

敬宗睦族

适安　清和

适安　清和

【大意】

满足、安逸，清静、和顺。

施善　济美

【大意】

结善缘，做善事。

怀仁

【大意】

要有仁德之心。

施善　济美

怀仁

秦氏宗祠

【地址】

明月湾中心

家学渊源

【年款】

辛卯小春（1771）

【落款】

二十七世孙秦鏶

【大意】

家庭世代相传的学问有深厚的基础。

【人物简介】

秦鏶，字广和，号礼堂。江苏金匮（今无锡）人。历任麻阳、衡阳、湘潭知县等职。乾隆二十五年（1760），任归州知府。

家学渊源

邓氏宗祠

【地址】

明月湾码头港湾处

五湖望族

【年款】

乙酉年（2005）冬

【大意】

在太湖地区有名望、地位的家族。

五湖望族

先贤遗风

先贤遗风

【大意】

先辈留下的良好风范。

东村

　　东村位于金庭镇的北端，为中国传统村落、中国历史文化名村。村落临湖依山，东西走向，因"商山四皓"之一的东园公居住而得名。村内以宋南渡氏族徐氏为主，有省级文保单位三处、市级文保单位一处、控保建筑六处。省级文保单位分别为敬修堂、徐氏宗祠、栖贤巷门。市级文保单位为萃秀堂。控保建筑分别为绍衣堂、源茂堂、凝翠堂、敦和堂、学圃堂和孝友堂。其中敬修堂装饰精美，其瓦当、长窗有龙形图案，徐氏宗祠内有清代重臣翁方纲、刘墉、王鸣盛等题写的碑记，萃秀堂有着彩绘脊檩。村落内另有东园公祠、义井、义门、古桥等历史遗迹，彰显了东村悠久的历史及东村人民的传统美德。

　　东村古村为金庭镇开放式旅游景点之一，其中徐氏宗祠隶属苏州金庭旅游集团公司管理。

敬修堂

【地址】

东村西上 57 号、58 号、59 号、60 号、61 号、63 号

世德作求

【年款】

乾隆辛未（1751）嘉平上浣

【落款】

蔡书升

世德作求

【大意】

子孙世代把拥有崇高的德行作为人生追求的目标。

【人物简介】

蔡书升，字廷彦。例贡。官盛京承德县知县。

列绩连云

【年款】

乾隆壬申（1752）如月之吉

【落款】

蔡书升

【大意】

陈列的图画能上连云端。

列绩连云

美哉轮奂

美哉轮奂

【年款】

乾隆壬申（1752）仲春

【落款】

蔡书升

【大意】

多么美轮美奂的屋宇啊。

功崇业广

【年款】

乾隆癸酉（1753）夏日

功崇业广

【落款】

钱襄

【大意】

事业做得很大，为家族立下了很大的功劳。

堂构维新

【年款】

乾隆壬申（1752）春日

【落款】

蔡书升

【大意】

房屋崭新。

堂构维新

绍衣堂

【地址】

东村西上 31—34 号

树滋济美

【落款】

春田周锷

【大意】

在以前的基础上使美好的东西发扬光大。

【人物简介】

周锷，乾隆五十二年（1787）进士，官苏州知府。

树滋济美

源茂堂

【地址】

东村西上 8 号

华鄂舒芳

【落款】

松岩徐经题

【大意】

花萼舒展开了，香气飘了出来。喻美好的东西呈现于人们的面前。

华鄂舒芳

凝翠堂

【地址】

东村西上 83 号

天胙蕃昌

【落款】

沈惊远书

【大意】

上苍赐予繁衍昌盛。

天胙蕃昌

敦和堂

【地址】

东村东上 95 号、96 号

友于笃庆

【落款】

王鸣盛

【大意】

友爱兄弟朋友，福分不断增添。

友于笃庆

【人物简介】

王鸣盛（1722—1797），字凤喈，一字礼堂，号西庄，晚年号西沚，嘉定（今属上海）人。官侍读学士、内阁学士兼礼部侍郎、光禄寺卿。

维德之基

【大意】

以德行为做人的根基。

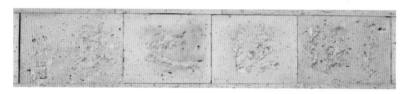

维德之基

学圃堂

【地址】

东村西上 49 号、50 号

长发其祥

【大意】

经常有吉祥的事情降临。

长发其祥

孝友堂

【地址】

东村东上 104—106 号

德乃福基

【大意】

德是做人做事幸福的基础。

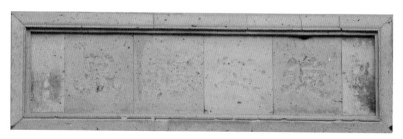

德乃福基

崇德堂

【地址】

东村西上 40 号、41 号

爰处攸宁

【年款】

己巳秋仲

【落款】

马琪书

【大意】

这里就是安居的好地方。

爰处攸宁

以绥得祥

以绥得祥

【年款】

癸亥秋日

【大意】

平安吉祥。

遗安堂

【地址】

东村东上 83 号

树德日滋

【大意】

树立品德，日积月累，不断培植，会达到一定的高度。

既顺乃宣

【大意】

很舒心，没有烦恼。

树德日滋

既顺乃宣

▍萃秀堂

【地址】

东村东上 56—58 号

龙门标峻

【年款】

乾隆丙辰（1736）夏至日书

【落款】

蔡书升

龙门标峻

【大意】

门第高，人物出类拔萃。

凤翔虹指

【大意】

像凤凰展翅、彩虹横贯一样美丽。

凤翔虹指

端本堂

【地址】

东村西上 92 号

玉树流芳

【年款】

乾隆壬寅（1782）秋月

【落款】

吴下王孙

【大意】

院里的树开着花，流动着芳香。喻子嗣人才济济，闻名遐迩。

玉树流芳

鹤和堂

【地址】

东村（2）东上 111—112 号

惟怀永图

【大意】

要有长久的打算。

惟怀永图

徐氏宗祠

【地址】

东村西上 65 号

湖山世泽

【大意】

世代生活在美丽的地方。

佑启后人

【大意】

保护后代。

世德清芬

【大意】

世世代代有高洁的德行。

湖山世泽

佑启后人

世德清芬

奉先思孝

【大意】

孝敬祖辈。

奉先思孝

东园公祠

【地址】

东村东上 42 号东

商山领袖

【年款】

乾隆丁酉（1777）秋日

【落款】

张士俊

【大意】

东园公，姓唐，名秉，为"商山四皓"之首，故称"领袖"。

【人物简介】

张士俊，字景光，清西山人。

商山领袖

东园公祠

【大意】

唐秉的祠堂。

东园公祠

东蔡

　　东蔡位于金庭镇南部，为中国传统村落。村因宋南渡秘书郎蔡世洪次子继孟后裔居于秦家堡东而得名。东蔡古堂众多，有春熙堂、畲庆堂、润德堂、慎馀堂、礼耕堂、凝秀堂、振秀堂、敦好堂、敬德堂、启秀堂、观祐堂、至德堂、霭吉堂、庆馀堂、固本堂等。遗憾的是许多古堂已经毁于20世纪七八十年代。今存的古堂有春熙堂、畲庆堂、慎馀堂、礼耕堂、振秀堂、凝秀堂、启秀堂、观祐堂、至德堂（仅存门楼）、稼福堂（仅存门楼）等，其中畲庆堂、春熙堂花厅为市级文物保护单位。

春熙堂

东蔡东里（3）204 号、205 号

紫荆荣秀

【年款】

道光己丑（1829）孟秋月

【落款】

松湾明汾书

【大意】

紫荆花木茂盛秀美。

棣萼联辉

【大意】

叶子与花交相辉映。喻兄弟都很优秀。

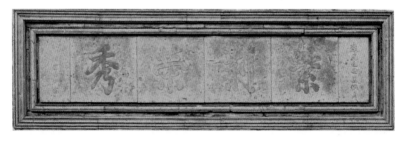

紫荆荣秀

棣萼联辉

玉润　金和

【大意】

像美玉般温润，像金子般贵重。

玉润　金和

箕裘钟鼎

【年款】

乙巳十月既望

【落款】

徐明经

【大意】

继承祖辈辉煌的事业。

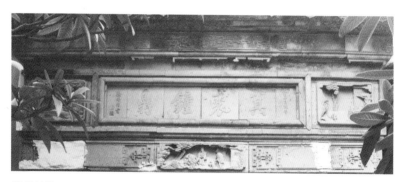

箕裘钟鼎

畲庆堂

【地址】

东蔡东里 186 号

俭德永图

【年款】

乾隆乙丑（1745）秋谷旦

【落款】

王鸣盛

【大意】

节俭是永远追求的一种美德。

俭德永图

文采清门

【大意】

清流之家，文采飞扬。

文采清门

启秀堂

【地址】

东蔡东里 141 号

修己以敬

【年款】

道光乙未（1835）孟夏

【落款】

邓锡荣

【大意】

君子应力求修身，对人保持恭敬的态度。

【人物简介】

邓锡荣，道光间苏州人。

修己以敬

观祐堂

【地址】

东蔡东里（2）74号

垂裕后昆

【年款】

乾隆乙亥（1755）孟秋

【落款】

蔡喘

【大意】

为子孙后代留下宝贵财产。

【人物简介】

蔡喘，乾隆年间东蔡村人，编有《东蔡宗谱》。

垂裕后昆

振秀堂

【地址】

东蔡东里 35 号

和顺积中

【年款】

嘉庆己卯（1819）孟秋谷旦

【落款】

周宗元

【大意】

内心和顺，不断修养，会成为一个有内在美的人。

【人物简介】

周宗元，清乾嘉间人，字均山，号实兰。进士。官至天台知县。

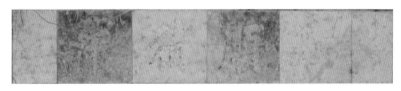

和顺积中

慎馀堂

【地址】

东蔡东里 100 号

彰厥有常

【年款】

乾隆甲辰（1784）

【大意】

彰显美德且始终不变。

恭俭庄敬

【年款】

乾隆甲辰（1784）

【大意】

恭谨谦逊，庄严恭敬。

彰厥有常

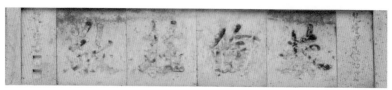

恭俭庄敬

凝秀堂

【地址】

东蔡东里（4）66号

德为福基

【年款】

道光丁酉（1837）

【大意】

品德是一个人幸福的基础。

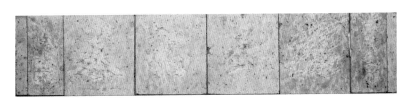

德为福基

稼福堂

【地址】

东蔡东里（2）180号西侧

鸿逵仪吉

【大意】

有吉祥美好的姿态。喻贤达君子的高超举止。

鸿逵仪吉

至德堂

【地址】

东蔡东里（3）175号

三让遗风

【年款】

乾隆丁酉（1777）嘉平月之吉

【落款】

岳阳费雍泰题

【大意】

泰伯三让天下的德行、风范流传后世。

三让遗风

▌礼耕堂

【地址】

东蔡东里 233 号西侧

馨流九畹

【大意】

香气流动得很广。

馨流九畹

文昌阁

【地址】

东蔡东里（1）113号

文明丕振

【年款】

乾隆癸巳（1773）仲秋

【落款】

郑士椿书

【大意】

文明程度从此得以大大提高。

【人物简介】

郑士椿，号松石居士，清乾隆间西山角里人，编有《郑氏族谱》。

文明丕振

西蔡

　　西蔡，也作西蔡里，位于金庭镇南部，与东蔡近邻，为江苏省传统村落。村因蔡世洪长子维孟居于秦家堡西而得名。西蔡传统村落含秦家堡、周家巷等（秦家堡因著名词人秦观后裔秦宗迈居住而得名；周家巷因周氏一族居住而得名）。蔡、秦两族均为皇亲国戚，又居于湖边，交通便利，因此古堂比比，气势非凡。遗憾的是一些豪宅古堂已毁于20世纪七八十年代。现今留存的古堂还有爱日堂、树德堂、敬吉堂、惠吉堂、绥吉堂、友庆堂、崇俭堂、宁俭堂、修吉堂、芥舟园、敦厚堂等。其中爱日堂、芥舟园为市级文物保护单位。

蔡氏花园

【地址】

西蔡里（东）7号

慎乃俭德

【年款】

己亥（1779）九月

【落款】

叶潢

【大意】

慎行俭约的美德。

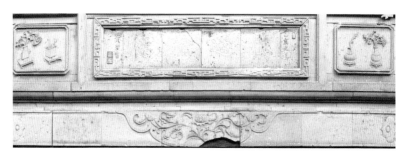

慎乃俭德

崇俭堂

【地址】

西蔡里（西）8号西侧

来许维祺

【年款】

乾隆岁次庚寅（1770）中秋

【落款】

拙修嵇璜

【大意】

希望后辈永远吉祥如意。

【人物简介】

嵇璜（1711—1794），字尚佐，晚号拙修。无锡人。清水利专家。进士。乾隆间历官南河、东河河道总督、工部尚书。晚年加太子太保，为上书房总师傅。

来许维祺

天被尔禄

天被尔禄

【年款】

庚寅（1770）秋日书

【落款】

耐圃于敏中

【大意】

上苍要给你富贵幸福。

【人物简介】

于敏中（1714—1780），字叔子，号耐圃，卒谥文襄。江苏金坛（今属常州）人。官至文华殿大学士兼领班军机大臣。

以分为礼

【年款】

乾隆辛卯（1771）孟夏

【落款】

鸳坡严其焜书

【大意】

处世做事要讲礼法、礼仪。

【人物简介】

严其焜（1728—1812），字藻亭，号鸳坡。吴兴（今浙江湖州）人，善诗书，通金石考据之学。著有《荻塘文稿》《敬修斋诗稿》《鸢坡先生集》等。

以分为礼

▌ 树德堂

【地址】
西蔡里（西）39号

包山钟秀

【年款】
雍正癸丑（1733）

【落款】
竹坪书升

【大意】
美丽的西山养育出了优秀的人物。

包山钟秀

▍宁俭堂

【地址】

西蔡里（西）26号

奕世载德

【年款】

戊午（1798）春日

【落款】

马琪书

【大意】

世世代代有良好的品德。

奕世载德

修吉堂

【地址】

秦家堡 100 号

敬者身基

【年款】

甲辰（1784）乙月

【落款】

严其焜书

【大意】

礼仪是立身处世的基础。

敬者身基

绥吉堂

【地址】

秦家堡 75 号、77 号、83 号

直谅多闻

【落款】

李宗瀚

【大意】

正直信实，学识渊博。

直谅多闻

履和

【大意】

践行中和之道。

履和

惠吉堂

【地址】

秦家堡 89 号

维德之隅

【年款】

道光丁亥（1827）秋日

【落款】

采三周曾毓

【大意】

为人品德很端正。

【人物简介】

周曾毓，字采三，清吴县（今苏州）人。进士。官国子监学正。

维德之隅

咏仁　蹈德

【大意】

颂仁信，守道德。

咏仁　蹈德

▌敬吉堂

【地址】
秦家堡 33 号、34 号

艺芳　捈藻

【大意】

种植芳草，铺张辞藻。

艺芳　捈藻

敦厚堂

【地址】

缥缈村（3）周家巷 8 号

棣鄂交辉

【落款】

周宗元

【大意】

花叶交相辉映。喻兄弟们都很出色。

渊翠峰环

【大意】

湖水汇集，山峰环绕。

棣鄂交辉

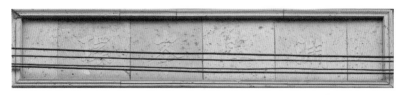

渊翠峰环

兰茂　筠苞

【大意】

兰花繁茂，竹子茂密。

兰茂　筠苞

甪里

甪里位于金庭镇的西南端，为中国传统村落，亦为金庭镇建村最早的村落之一。甪里，古称禄里。因秦末汉初"商山四皓"之一的甪里先生居住于此而易名。甪里含周家上头、沙皮上、曹家底等自然村落。甪里以郑氏为主。今留存的郑泾港、御史牌坊、永宁桥等都是郑氏家族所修。甪里古堂昔年不少，有巢园、宁远堂、宝稼堂、世美堂、世德堂、万年堂、春晖堂、勤慎堂、耕心堂、怡彩堂、麟趾堂、寿北堂、三经堂、敦裕堂、嘉惠堂、清文堂、云琛堂、燕翼堂等。遗憾的是现留存的古堂不多，仅有宝稼堂、世美堂、万年堂、世德堂、春晖堂、宁远堂等。

世德堂

【地址】

甪里曹家底 45 号

世德作求

【落款】

西庄王鸣盛

【大意】

子孙世代把拥有崇高的德行作为人生追求的目标。

世德作求

世美堂

【地址】

甪里曹家底 39 号、42 号

庆既令居

【年款】

雍正乙巳（1725）清和上浣

【落款】

竹坪蔡书升

【大意】

庆幸自己有了一个美丽的居所。

庆既令居

万年堂

【地址】

甪里沙皮上 17 号

介尔景福

【大意】

赐你大福永不休。

介尔景福

沈宅

【地址】

甪里南河头 4 号

居安平福

【年款】

乾隆戊申（1788）小春

【落款】

西庄王鸣盛

【大意】

平平安安就是福分。

以介眉寿

【大意】

祈求长寿。

居安平福

以介眉寿

春晖堂

【地址】
甪里南河头 5 号

厚德载福

【大意】

有德行的人，能得到福分。

厚德载福

堂里

　　堂里位于金庭镇的西端，为中国传统村落。村落临湖靠山，为水月坞之前庭，以堂多而得名。惜今所存无几。容德堂、仁本堂、礼本堂合称"堂里三堂"，另有心远堂、遂志堂、崇德堂等。其中仁本堂木雕之精美、繁多，在金庭古宅中首屈一指，有"西山雕花楼"之称，为省级文物保护单位，被列入苏州市第四批园林名录。

仁本堂

【地址】

堂里 16 号

礼为教本

【年款】

乾隆己亥（1779）

【落款】

蒋元益

【大意】

以儒家的《周礼》《仪礼》《礼记》作为人生的教科书。

【人物简介】

蒋元益（1708—1788），字希元，长洲（今苏州）人。官至兵部侍郎。

礼为教本

洒藻　载芬

【大意】

装饰美丽无比，花卉香气袭人。

洒藻　载芬

延禧　受祉

【大意】

吉祥绵延不绝，接受天地神明的降福。

延禧　受祉

采焕尊彝

【年款】

咸丰乙卯（1855）桂秋上浣

【大意】

光彩焕发的酒器。喻家道源远流长，光彩照人。

采焕尊彝

花竹怡情

【年款】

咸丰乙卯（1855）盛夏

【大意】

花与竹是可以怡悦心情的。

花竹怡情

遂志堂

【地址】
堂里 2 号

光前裕后

【落款】
严升拜题

【大意】
光耀祖先，造福后代。

光前裕后

崇德堂

【地址】

堂里 171 号

慎修思永

【年款】

乾隆乙未（1775）仲秋

【落款】

小华黄轩题

【大意】

谨慎做人，自身的修养要坚持不变。

【人物简介】

黄轩，字小华，又字日驾。故籍安徽休宁。清乾隆三十六年（1771）状元。官至巡道。

慎修思永

心远堂

【地址】

堂里 117 号

慎修克永

【大意】

处事谨慎，能维持自身修养。

慎修克永

涵光挹翠

涵光挹翠

【年款】

丁亥（1767）仲冬

【落款】

于敏中

【大意】

水光潋滟，树叶青绿，生活在青山绿水的环抱中。喻主人大气、包容、儒雅。

后埠

　　后埠位于金庭镇的东端，为中国传统村落。村因在前湾村港埠之后而得名。后埠古迹有双井亭、蒋氏里门、费孝子祠、石板街等。蒋氏为后埠最早一批迁居者，凿双井并架井亭、铺设石板街等均为蒋氏后裔所为。费氏以孝义善举出名。费孝友之孝德为嘉庆帝所称赞，他下旨褒奖建孝子牌坊，并亲赐"笃行淳备"四字。费荣以慷慨公义闻名乡里，筑路、赈灾，倾尽囊中，被称为"大善人"。费氏家族经商后，回家造起了承志堂、伦彝堂、燕贻堂、介福堂等。今留存于后埠的古堂为承志堂、介福堂。其中，承志堂、双井亭为市级文物保护单位。

介福堂

【地址】

后埠 95 号

芳邻宝树

【年款】

光绪丙午（1906）孟冬

【落款】

怀芝书

【大意】

邻居好，子弟们有出息。

【人物简介】

费延珍（1874—1936），字镇庭，号怀芝。后埠人。

芳邻宝树

西山著名的实业家，有不少善行义举。

宁庐

【大意】

安宁的住宅。

宁庐

承志堂

【地址】

后埠 89 号、90 号

和气常存

【年款】

道光元年（1821）五月

【落款】

韵初荣书

【大意】

永远以一种温和的态度对待他人。

【人物简介】

费荣（1790—1860），字玉堂，号韵初，后埠人。工诗，平生慷慨尚义，热心西山公益事业，被西山百姓誉为"大善人"。

和气常存

有德则乐

【大意】

有德行就快乐。

有德则乐

▌费孝子祠

【地址】

后埠双井亭南

百善孝先

【大意】

众多的善行要以孝顺为先。

百善孝先

植里（下泾）

　　植里古村落含下泾在内，位于金庭镇东村建制村的西北端，为中国传统村落。植里因古街道笔直一里而得名。下泾，昔称夏泾，因夏黄公小栖而得名。今称下泾，因山下有泾而得名；又名下金，因村居金氏大族而得名。植里以李氏、罗氏、陆氏、胡氏为主。植里昔年有罗氏宗祠、陆氏宗祠等。今存民宅培德堂、馀庆堂、罗宅、锄经堂等。下泾存仁寿堂、芝呈堂、秀芝堂等。其中仁寿堂为市级文物保护单位。下泾域内有三古，即古道、古桥、古樟，尤以古樟群最为出名。

芝呈堂

【地址】

爱国下泾 63 号

福禄攸宁

【年款】

乾隆丁酉岁（1777）春日

【落款】

王鸣盛

【大意】

福禄齐全，幸福安康。

永绥吉劭

【年款】

乾隆丁酉岁（1777）春日

【落款】

王鸣盛

福禄攸宁

永绥吉劭

【大意】

永远安定、和平、吉祥。

秀芝堂

【地址】

爱国下泾 47 号

怀德维宁

【年款】

嘉庆乙亥（1815）小春

【落款】

董国华

【大意】

怀有德行的人，可以使国家、人民得到安宁。

【人物简介】

董国华（1773—1850），字荣若，号琴南。吴县（今苏州）人。进士。官至广东雷琼兵备道。

怀德维宁

威凤祥麟

威凤祥麟

【年款】

嘉庆乙亥（1815）十月

【落款】

吴恩韶

【大意】

凤，凤凰。麟，麒麟。喻难得的人才。

【人物简介】

吴恩韶，字春甫，号讷人。嘉庆间吴县（今苏州）人。同进士出身。官刑部主事、山东乡试副考官。

飞英　振藻

【大意】

智慧、文采出众。

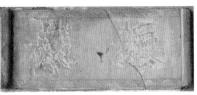

飞英　振藻

锄经堂

【地址】

爱国植里 51 号

载德受福

【年款】

乾隆丁丑（1757）秋月

【落款】

沈德潜

【大意】

有德者能得到福分。

【人物简介】

沈德潜（1673—1769），字确士，号归愚，长洲（今苏州）人。清代大臣、诗人、学者。

载德受福

培德堂

【地址】

爱国植里 112 号

永受嘉福

【年款】

道光戊申（1848）春

【大意】

永远享受美好幸福的生活。

永受嘉福

罗宅

【地址】

爱国植里 109 号北

令德孝恭

【大意】

美好的德行就是孝顺长辈和尊敬他人。

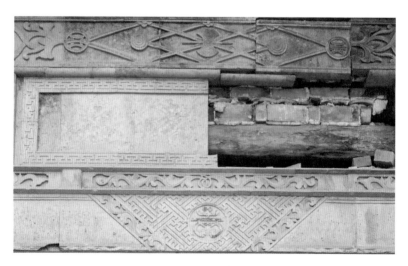

令德孝恭

罗宅

【地址】

爱国（1）112号东

锡公纯嘏

【年款】

龙飞乾隆辛酉（1741）夏日

【落款】

马修本

【大意】

上苍赐给你大福。

锡公纯嘏

涵村

涵村位于金庭镇中西部，被列入苏州市首批古村落名单，因水映村庄而得名。涵村以陆氏为主，系陆氏一族于宋末迁居。元代时，陆氏出过水军万户；明代时，出过画家陆治，吴中才子文徵明也在此居住过一段时间，今待诏坞之名即为纪念其而得名（文徵明曾任翰林院待诏）。涵村古迹留下的不多，除了数方古碑、一条悠长的溪流，最突出的就是明代古店铺，为全国仅存的两处入保明代店铺之一。今有砖雕门楼的古宅仅数幢了。

▌树德堂

【地址】

涵村古店铺背后

聿修厥德

【年款】

己酉（1789）孟冬

【落款】

任朔基

【大意】

修养好个人的品德。

聿修厥德

严宅

【地址】

涵村梅堂坞古银杏树北

俭素家风

【年款】

嘉庆庚辰（1820）

【落款】

陆芝岩书

【大意】

节俭朴素为家传的风气。

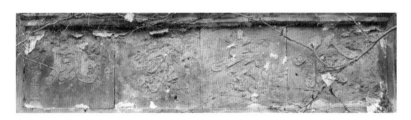

俭素家风

东宅河

　　东宅河位于金庭镇的北部。古称崦里镇，后因大族徐氏在宅区之东开河，易名东宅河，也称东河。东宅河昔时为西山主要的集市镇区之一，也是金庭镇政治、文化、教育、经济中心所在。东宅河以徐氏为主。民国时有天官厅（介福堂）。遗憾的是介福堂已毁于"文化大革命"中，《三国演义》题材之砖雕也灰飞烟灭。其古堂今仅剩下一座门楼，孤零零地耸立着。东宅河还有一些精美的民居古堂，如三馀堂、世德堂、贻德堂、存仁堂等。

三馀堂

【地址】

东河街 33 号

贻厥孙谋

【年款】

乾隆乙酉（1765）榴月

【落款】

西樵金熙和书

【大意】

为子孙后代着想。

贻厥孙谋

世德堂

【地址】

东河街 25 号

奕德丕基

【年款】

乾隆丙戌（1766）季秋

【落款】

西京安福书

【大意】

高尚的品德，庞大的基业。

奕德丕基

介福堂

【地址】

东河街 60 号

永绥吉劭

【年款】

乾隆丙申（1776）嘉月

【落款】

徐柱

【大意】

永远安定、和平、吉祥。

永绥吉劭

贻德堂

【地址】

东宅河 35 号

世载其英

【年款】

乾隆二十一年（1756）秋

【落款】

西京安福

【大意】

世世代代记着先祖开创的事业与功德。

世载其英

▌存仁堂

【地址】

东河（1）医院北弄 2 号

世济其美

【年款】

戊辰（1748）相月

【落款】

杜鼎

【大意】

后代继承前辈的美德。

世济其美

横山

横山位于金庭镇北端的太湖之中，因独横于湖中而得名。横山是个岛屿，曾为建制村，有四个生产队。2000年后为东村村域内的一个自然村落。横山有罗、韩、孙三大主要姓氏。另有吴氏、王氏，亦为迁居横山较早的氏族。横山置于湖中，村民临湖而居。罗、韩、孙、吴等氏族后裔明清时期就外出经商，大多数人致富后举家迁居外地，也有少数人回家建宅。至今留下不少古宅，有宁俭堂、赐美堂、怀仁堂、仁裕堂等。遗憾的是这些古堂现今大多破落不堪，有的仅存门楼，有的已经摇摇欲坠，有的已被拆除重建。只有一些青石条基、断垣残壁，依稀透露出昔年的豪华。

仁裕堂

【地址】

横山（2）96号后

绳其祖武

【年款】

乾隆丙午（1786）秋日

【大意】

踏着祖辈的足迹，继续前进。喻继承祖业。

绳其祖武

奕世载德

【大意】

世世代代有良好的品德。

奕世载德

宁俭堂

【地址】

横山 20 号

奕世流芳

【年款】

嘉庆二年（1797）

【落款】

蔡裕

【大意】

名声世代流传。

奕世流芳

怀仁堂

【地址】

横山 135 号、136 号

瑶林玉树

【落款】

蔡九龄

【大意】

环境优美，如仙境一般美妙。喻人容貌、才华出众。

【人物简介】

蔡九龄，字步赡，清代西山人。官六安学正。著有《西洞庭芳徽录》。

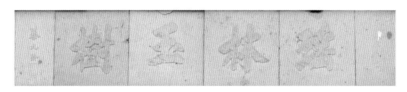

瑶林玉树

罗宅

【地址】

横山（4）166 号北

惇大成裕

【年款】

戊辰（1868）上巳

【大意】

宽厚待人。

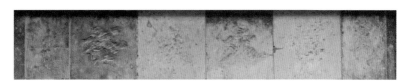

惇大成裕

阴山

　　阴山位于金庭镇北太湖之中，属于东村村域内的一个自然村落。因汉时道士阴长生于此炼丹而得名。阴山古迹较多，有古碑、古渡、古樟、古宅等。居民以李氏、屠氏、顾氏较多。今存古宅两幢。

老圆堂

【地址】
阴山 63 号

纯嘏尔常

【年款】
嘉庆丙子（1816）

【大意】
大的福气常在。

纯嘏尔常

洞山下

　　洞山下因位于林屋洞东北脚下而得名，属于林屋村中的一个自然村落。洞山下以马氏为大族，至今留下的古堂有遗安堂等。遗憾的是，这些古堂门楼砖雕均在"文化大革命"中被破坏。字牌大多模糊不清。洞山下的遗安堂，虽没有消夏湾里东西蔡的豪宅有气势，但中堂悬挂的"百龄五代"匾额却是消夏湾里所没有的。惜无缘见其匾，只有古堂长窗上雕刻之仙鹤，栩栩如生，令人遐思。

马宅

【地址】

洞山（2）后24号

即安乐窝

【落款】

沈德潜

【大意】

一个安心快乐的住所。

即安乐窝

得贤师事

【大意】

得到贤者，拜其为师。

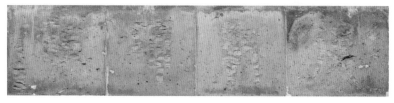

得贤师事

霞蔚云蒸

【大意】

云霞升腾起来。暗指堂屋所处环境非常美丽。

霞蔚云蒸

桂馥兰馨

【大意】

花香芬芳。暗指所处环境花香扑鼻，沁人心脾。

桂馥兰馨

遗安堂

【地址】

洞山（1）后 23 号

允迪前光

【大意】

继承先祖的功德，光大前辈的事业。

允迪前光

典当门

天锡纯嘏

【地址】

洞山（2）后 55 号西

【大意】

上苍赐予大大的福气。

天锡纯嘏

前湾

前湾位于金庭镇东北部，隶属于蒋东村，因村落位于后埠港湾之前而得名。前湾有禹期山、文化寺等历史遗迹。居民以钟氏、叶氏为多。留下的古宅虽不精美、豪华，也不失为民居中的小家碧玉。

永和堂

【地址】

前湾（2）157号

钟灵毓秀

【年款】

乾隆戊申（1788）孟冬谷旦

【落款】

张士俊

【大意】

聚集天地灵气的环境产生了优秀的人物。

钟灵毓秀

潘宅

【地址】

前湾（2）280号

如松柏茂

【年款】

咸丰己未（1859）四月

【落款】

费荣

【大意】

像松柏那样常青、茂盛。

如松柏茂

新圆堂

【地址】

前湾（1）178号西

笃实辉光

【年款】

甲戌（1814）冬日

【落款】

李福

【大意】

老实的品德焕发光辉。

【人物简介】

李福，字备五，号子仙，吴县（今苏州）人。嘉庆十五年（1810）举人。官州同。

笃实辉光

元山

元山位于金庭镇的东北段，因昔有一小山伸入太湖中，远观似鼋，故称鼋山，后讹为元山。元山地处青石山之间，村民历代以采石为生。建筑以普通民居为多，今留存的古宅门楼也颇为常见。

▌叶宅

【地址】

元山村 58 号

维德之基

【年款】

同治戊辰（1868）仲冬月谷旦

【落款】

钱塘袁钟琳书

【大意】

以德为做人做事的根基。

【人物简介】

袁钟琳，号絜斋，浙江钱塘（今杭州）人，袁枚侄子，曾为吉尔杭阿的幕僚，后补用头司巡检。

维德之基

仁德堂

【地址】

元山村 179 号

勤德之基

【年款】

同治拾三年（1874）岁次春三月

【落款】

仁德堂

【大意】

勤俭、仁德为做人的根基。

勤德之基

东汇上

　　东汇上位于金庭镇的东南部，属于东蔡秉汇村中的一个自然村落。因位于汇里之东而得名。汇里，因春秋吴越时吴王兵汇于此而得名。自然村居民以沈氏、吴氏、葛氏等为主。沈氏为宋南渡望族之一。明清时，不少后裔迁居湖南长沙、浙江湖州等地，留下的宅子早已破败不堪。今所存古宅门楼已经寥寥无几。

沈宅

【地址】

秉汇村东汇上 113 号、115 号

箕裘克绍

【年款】

嘉庆丁丑（1817）小春

【落款】

凌麐照书

【大意】

子孙后代们能够继承祖上的事业。

箕裘克绍

怡德堂

【地址】

秉汇村东汇上 131 号

滋兰九畹

【年款】

甲子（1864）仲春

【落款】

方燮

【大意】

兰花香气溢满周边。

【人物简介】

方燮，字子和，号台山，江西南安（今大余）人，侨居吴中。工诗文，行楷师法二王。

滋兰九畹

聚兴店

【地址】

秉汇（4）东汇上 107 号

聿修厥德

【大意】

修好个人的品德。

聿修厥德

毛竹场

　　毛竹场位于金庭镇东南部，系秉常村中的一个自然村落，因昔年港湾岸处以堆放毛竹而得名。村中留下的古宅不多，今仅存一幢。

存仁堂

【地址】

秉常村毛竹场 14 号、15 号

笃初诚美

【年款】

丙午冬月

【落款】

南阳唐梦魁

【大意】

开始的时候就很壮美。

笃初诚美

山东

　　山东位于金庭镇的东南部，属于秉常村中的一个自然村落，因位于铁山之东而得名。山东居民以李氏为主。李氏源为南宋吏部侍郎李弥大之后裔。村落临水而居，建于陡坡上，难以运输大型石材，故豪宅不多。

▍李宅

【地址】
秉常村山东 89 号、89 号东

祥开瑞锦
【落款】
韩彦曾
【大意】
吉祥美好。

祥开瑞锦

根蟠叶茂

【大意】

根深叶茂。喻人文底蕴深厚，事业有成。

根蟠叶茂

曹宅

【地址】

秉常村山东 67 号后

视其履旋

【年款】

中华己未仲夏

【落款】

韩彦曾

【大意】

回头看看走过的路程，思考一下得失、福祸。

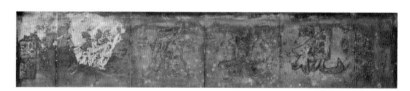

视其履旋

镇夏

镇夏位于林屋洞南，为昔石公乡主要集镇之一。相传因大禹治水时于此镇杀水怪夏妖而得名。镇夏为宋南渡望族沈氏先祖沈钦迁居地。镇夏旧有商业街，民居住宅兼为商贸之所。今留存的古宅已经不多。

沈宅

【地址】

镇夏街 59 号

遗韵衔华

【年款】

乾隆甲辰（1784）夏午

【落款】

陈作梅

【大意】

前人留下的东西很美。

【人物简介】

陈作梅，福建霞漳（今漳州）人。授儒林郎，曾任布政司经历，掌江苏太湖用头司。

遗韵衔华

中腰里

　　中腰里位于金庭镇的东中部，属于林屋村中的一个自然村落，因地处前堡与后堡之间而得名。村落位于七墩山脚下，昔年交通不太便利，豪宅较少，今仅存一幢。

俊义堂

【地址】

中腰里

恭俭维德

【年款】

乾隆甲申（1764）秋孟

【落款】

李治运

【大意】

谦恭、节俭是一种美德。

【人物简介】

李治运（1710—1771），字宁人，号漪亭。吴江人。进士。

恭俭维德

峧上

峧上位于金庭镇的西南部，属于衙甪里村中的一个自然村落，因地处山脚湖边而得名。昔年常有湖匪出入，因此所居豪门不多。居民以沈氏、王氏为主。今仅存怡安堂一处。

怡安堂

【地址】

峧上 10 号西

八咏流芳

【年款】

乾隆甲辰（1784）春月

【落款】

严其焜书

【大意】

《八咏诗》是南朝文学家沈约的作品。此系追慕祖先之语。

八咏流芳

泽媚山辉

【年款】

甲辰（1784）春日

【落款】

王鸣盛书

泽媚山辉

【大意】

湖山美丽。

积厚流光

【年款】

乾隆甲辰（1784）三月

【落款】

毕沅书

【大意】

积累的功业越深厚，流传给后人的恩德越广。

【人物简介】

毕沅（1730—1797），字纕蘅，小字秋帆，自号灵岩山人。太仓人。乾隆二十五（1760）状元及第，授翰林院编修，历任陕西布政使、湖广总督等职。著有《续资治通鉴》。

积厚流光

东阳汇头

东阳汇头位于金庭镇的中南部，属于缥缈村中的一个自然村落，因浙江东阳沈氏居住于此而名。今居沈氏、蔡氏、王氏等。村落不大，豪宅也不多，今仅见三畏堂一处。

三畏堂

【地址】

圻村（1）东阳汇头 4 号

崇俭良图

【年款】

丁亥（1827）仲夏

【落款】

芝轩潘世恩

【大意】

重视节俭是一个良好的办法。

【人物简介】

潘世恩（1770—1854），字槐堂，号芝轩，吴县（今苏州）人。状元。官至武英殿大学士。

崇俭良图

编后记

　　西山古堂众多，昔有"千堂山"之称，其门楼林立于村落之间，显示出洞庭西山先祖的富足。遗憾的是，在20世纪六七十年代，由于多种原因，许多的门楼被拆毁，有的字牌被破坏磨损，有的字牌因无人管理而被偷盗等。时至今日，无人居住的古宅，有些门楼摇摇欲坠，有些则孤零零地存活着，如东河街上天官厅内的一座门楼，两旁房屋行将倒塌，昔年那栩栩如生的全套《三国演义》题材的砖雕图案早已灰飞烟灭。或许那座砖雕门楼也将消失。这是历史的遗憾，令人痛心。有人居住的古堂，其门楼相对完好。建造年代早的为康熙时期，大多为乾隆时期。

　　西山门楼的精华，主要集中在明月湾、东村、东西蔡等地。近些年来，金庭镇人民政府出资维修了部分民宅以及祠堂。

　　如何留住这些珍贵的东西？苏州市吴中区金庭镇历史文化研究会本着延续砖雕门楼的文化根脉，为后人留住一点资料的初衷，跑遍了各个村落，走访了百余户人家，终于有了这本书。当然，某些门楼由于难以联系到房东，没有拍摄到，留下了一点遗憾。书中老宅因实际情况存在新旧不同的门牌，特此说明。

　　本书的出版，得到了金庭镇党委、政府的大力支持。在门楼字牌的辨识上，得到了倪浩文、费佳等专家老师的倾力相助。在走访过程中，我们也得到了房东的大力支持，在此一并表示衷心的感谢！

由于编著者水平有限，在解读字牌时，错误缺漏在所难免，敬请读者指正！

编著者

2023 年 7 月